바빠 시리즈　초등 입학 전후, 생활 속 단위로 배우는 즐거운 수학!

7살 첫수학
길이와 무게 재기

이지스에듀

지은이 **이상숙(진주쌤)**

초등 수학 교재를 개발해 온 22년 차 기획 편집자이자 목동에서 아이들을 가르치고 있는 수학 선생님입니다. 삼성출판사, 동아출판사, 천재교육 등에서 17년 동안 근무하며 초등 수학을 대표하는 브랜드 교재들의 개발에 참여했습니다. 현재는 회원 수 16만 명의 네이버 카페 [초등맘카페]에서 수학 교육 자문 위원으로 활동하고 있습니다. 유튜브 [초등맘TV]에서 '옆집아이 수학공부법' 코너를 진행하고 있으며, 유튜브 [목동진주언니]에서 학부모님을 위한 다양한 수학 콘텐츠를 제공하며 활발히 소통 중입니다.

그린이 **차세정**

인터넷 웹툰 [츄리닝 소녀 차차], [차차 좋아지겠지], [차차 나아지겠지] 등을 연재하며 많은 사람들의 사랑을 받은 작가입니다. 현재는 두 딸의 엄마가 되어, 아이들이 놀이하듯 즐겁게 공부하길 바라며 『7살 첫 수학』, 『7살 첫 국어』, 『7살 첫 한자』, 『7살 첫 영어』 시리즈의 그림을 그리고 있습니다.

감수 **김진호**

서울교육대학교, 한국교원대학교, 미국 Columbia University에서 수학교육학으로 각각 학사, 석사, 박사 학위를 취득하고 현재는 대구교육대학교 수학교육과에서 교수로 재직 중입니다. '학습자 중심 수학 수업'을 중심 주제로 약 100여 편의 논문을 발표했습니다. 또한, 100여 권의 책을 집필 또는 번역하고, 『7살 첫 수학』 시리즈의 감수를 진행했습니다. 현재는 2022 개정 교육과정에 따른 국정 1-2학년군 수학교과용 도서 집필 책임자로 활동 중입니다.

7살 첫 수학 – 길이와 무게 재기

초판 1쇄 발행 2024년 6월 10일
초판 2쇄 발행 2024년 10월 10일
지은이 징검다리 교육연구소, 이상숙(진주쌤)
발행인 이지연
펴낸곳 이지스퍼블리싱(주)
출판사 등록번호 제313-2010-123호   제조국명 대한민국
주소 서울시 마포구 잔다리로 109 이지스빌딩 5층(우편번호 04003)
대표전화 02-325-1722   팩스 02-326-1723
이지스퍼블리싱 홈페이지 www.easyspub.com   이지스에듀 카페 www.easysedu.co.kr
인스타그램 @easys_edu   바빠 아지트 블로그 blog.naver.com/easyspub
페이스북 www.facebook.com/easyspub2014   이메일 service@easyspub.co.kr

본부장 조은미   기획 및 책임 편집 박지연, 김현주, 정지연, 이지혜   검답 방혜영
표지 및 내지 디자인 책돼지, 김용남   인쇄 명지북프린팅
영업 및 문의 이주동, 김요한(support@easyspub.co.kr)   마케팅 라혜주
독자 지원 김수경, 박애림

ISBN 979-11-6303-595-4 64410
가격 9,800원

• **이지스에듀**는 이지스퍼블리싱의 교육 브랜드입니다.
 (이지스에듀는 아이들을 탈락시키지 않고 모두 목적지까지 데려가는 책을 만듭니다!)

초등 수학 교과서에 나오는 단위의 기초를
실생활과 연관 지어 재미있게 배워요!

✔ 우리는 태어나자마자 길이와 무게 단위를 만나요!

우리는 태어나는 순간부터 단위와 만납니다. "키 50 cm, 몸무게 3 kg입니다."와 같이 태어나는 순간, 이미 길이와 무게 단위를 만나게 되지요. 이렇게 단위는 초등 수학 교과서에서 배우기도 하지만, 우리의 일상생활 속에서 자주 사용되고 있고, 세상을 이해하는 데 꼭 필요한 것이랍니다.

✔ 실생활의 소재로 배우면 단위도 금방 이해해요!

우리는 일상생활 속에서 길이, 무게, 들이를 비교해 판단을 내려야 하는 경우가 많습니다. 예를 들어, 물건을 살 때 길이, 무게, 들이를 비교하면 더 저렴한 물건을 살 수 있습니다.

이 책에서는 우리 주변에서 흔히 볼 수 있는 친근한 소재로 길이, 무게, 들이를 비교하는 활동을 제공합니다. 생활 속에서 자연스럽게 학습하면 단위도 어렵지 않게 받아들일 수 있으니까요.

✔ 길이와 무게, 들이를 어림해 보고, 양감을 기르도록 도와주세요!

우리 주변 사물의 길이와 무게, 들이를 어림하는 활동은 양감을 길러 주는 좋은 방법입니다. 이 책에 소개된 소재들을 활용하여 "연필의 길이는 몇 cm 정도일까?", "책가방의 무게는 몇 kg 정도일까?", "요구르트의 들이는 몇 mL 정도일까?"와 같이 길이와 무게, 들이의 어림에 관한 질문을 주고받아 보세요! 아이의 측정값에 대한 양감을 길러 주는 데 큰 도움이 될 거예요.

✔ '생활 속 단위' 코너로 놀이처럼 즐겁게 배워요!

수학을 시작하는 아이에게 가장 좋은 학습은 실생활 속에서 놀이처럼 배우는 것입니다. 이 책은 날짜별 마지막 쪽에 있는 '생활 속 단위' 코너를 통해 실생활과 연결해 단위와 친해지도록 구성했습니다. 아이가 생활 속에서 접할 수 있는 다양한 상황을 통해 길이와 무게, 들이를 비교해 보고 적당한 단위까지 사용해 볼 수 있습니다.

그리고 가장 중요한 한 가지! 어린 시절에 경험한 '학습의 즐거움'이 '자기 주도 학습' 능력을 높여줍니다. 공부하는 시간이 행복한 기억이 되도록 격려와 칭찬을 아끼지 말아 주세요!

이 책으로 놀이하듯 공부하면 '수학적 사고력'이 생겨요!

1 아이와 함께 단위의 역사 이야기를 나누어요!

본 학습에 들어가기 전, 단위의 역사에 대한 이야기를 나누며 흥미를 이끌어 주세요.

2 따라 쓰며 개념을 익혀요!

아이가 직접 빈칸을 채우고 큰 소리로 따라 읽으면서 개념을 익혀요.

부모님의 입말을 살린 지문입니다. 그대로 따라 읽어 주기만 해도 아이에게 배경지식을 전달해 줄 수 있어요!

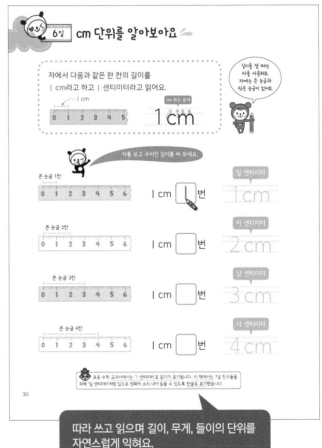

따라 쓰고 읽으며 길이, 무게, 들이의 단위를 자연스럽게 익혀요.

길이, 무게, 들이를 벌써 알아요!

우아~ 대단한걸?

너 정말 멋지다!

부모님, 이렇게 칭찬해 주세요!

칭찬은 아이들 자존감 형성의 기본! 7살 첫 수학, 공부 기술을 가르치기보다 공부의 즐거움을 맛보게 해 주세요!

3 문제를 풀며 개념을 다져요!

이제는 문제를 직접 풀어 봅니다. 아이가 직접 하나하나 해결할 수 있도록 기다려 주세요.

4 생활 속에서 단위에 대한 감각을 키워요!

아이가 스스로 생활 속 단위를 사용하는 간접 경험을 하며 즐겁게 마무리해요.

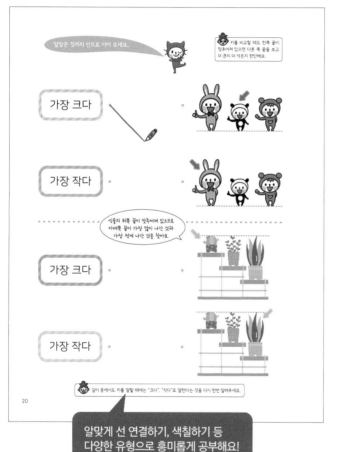

알맞게 선 연결하기, 색칠하기 등 다양한 유형으로 흥미롭게 공부해요!

아이들에게 친숙한 실생활 소재를 통해서 단위에 접근하니 흥미는 커지고, 학습 효과도 커져요!

부모님, 아이가 이 책을 어려워하면 이렇게 지도해 주세요!

아이들이 단위 사용을 어려워한다면 실생활에서 놀이처럼 접근해 주세요. 키를 잴 때 사용하는 자, 마트나 정육점에서 볼 수 있는 무게를 측정하는 저울, 요리에 사용하는 눈금이 있는 계량컵 등을 함께 찾아보며 이야기를 나눠 보세요! 생활 속에서 접근하면, 아이에게는 공부가 아닌 재미 있는 놀이가 될 거예요!

재미로 보는 단위의 역사

오랜 옛날에는 자 대신 사람 몸의 일부로 길이를 쟀어요.
영어, 프랑스어, 한국어 등 나라마다 언어가 다르듯이
나라마다 사용하는 단위도 달랐답니다.

고대 이집트

큐빗

우리나라

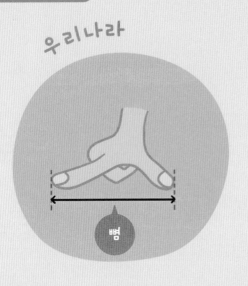

뼘

'큐빗'은 팔꿈치에서
가운뎃손가락 끝까지의 길이예요.
피라미드를 지을 때 사용했어요.

'뼘'은 엄지손가락과 다른 손가락을
완전히 펴서 벌렸을 때에
두 끝 사이의 거리예요.

영국

야드

인치

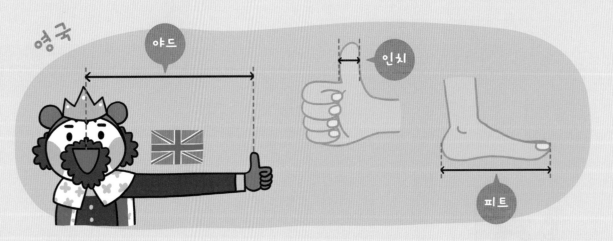

피트

'야드'는 코끝에서 엄지손가락 끝까지의 길이, '인치'는 엄지손가락의 폭,
'피트'는 발뒤꿈치에서 엄지발가락 끝까지의 길이예요.

하지만 사람마다
몸의 길이가 다르다 보니
물건을 사고팔거나
바꿀 때마다
싸움이 일어나기 일쑤였어요.

한 뼘만큼
준 것
맞다고!

무슨 소리야?
한 뼘은
훨씬 더 긴데!

미터법
탄생~!

그래서 1799년 말부터 프랑스에서
세계 공통의 수많은 단위를
통일하기 위해 처음으로
'1 미터(1 m)'를 사용하기 시작했어요.

1875년, 각 나라 사이에 미터 협약을 맺어
길이와 너비는 미터(m)를,
부피는 리터(L)를,
질량은 킬로그램(kg)을
기본 단위로 사용하기로 했답니다.

세계 어느 나라를 가도
같은 길이를 나타내요.

1 m

차 례

재미로 보는 단위의 역사

일러두기

초등 수학 교과서에서는 '1 센티미터'로 읽기가 표기됩니다.
이 책에서는 7살 친구들을 위해 '일 센티미터'처럼 입으로
정확히 소리 내어 읽을 수 있도록 한글로 표기했습니다.

길이를 벌써 알아요!

한쪽 끝에서 다른 쪽 끝까지의
거리를 '길이'라고 해요.

길이의 단위에는 밀리미터(mm),
센티미터(cm), 미터(m),
킬로미터(km)가 있어요!

mm

씨앗처럼 아주 짧은 길이는
밀리미터(mm)로 나타내요.

cm

새싹의 높이는
센티미터(cm)로 나타내요.

m

내 키보다 긴 나무의 높이는
미터(m)로 나타내요.

km

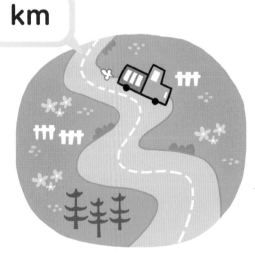

미터보다 먼 거리는
킬로미터(km)로 나타내요.

1일 길이를 비교해 보아요

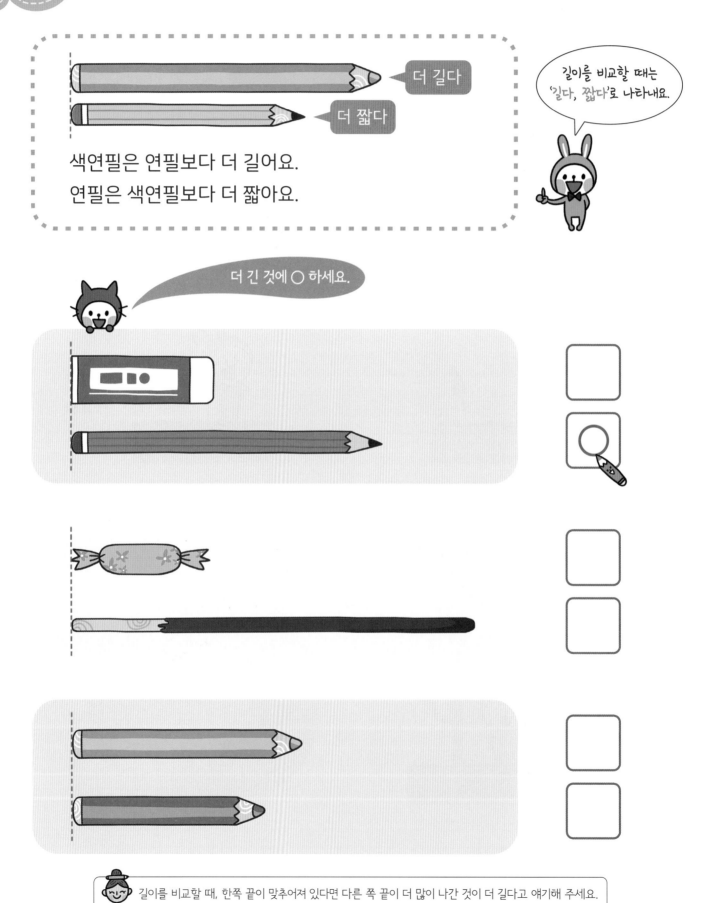

더 길다

더 짧다

색연필은 연필보다 더 길어요.
연필은 색연필보다 더 짧아요.

길이를 비교할 때는
'길다, 짧다'로 나타내요.

더 긴 것에 ○ 하세요.

길이를 비교할 때, 한쪽 끝이 맞추어져 있다면 다른 쪽 끝이 더 많이 나간 것이 더 길다고 얘기해 주세요.

10

더 짧은 것에 △ 하세요.

다른 한쪽 끝이 더 많이 나간 것이 더 길고, 더 적게 나간 것이 더 짧아요.

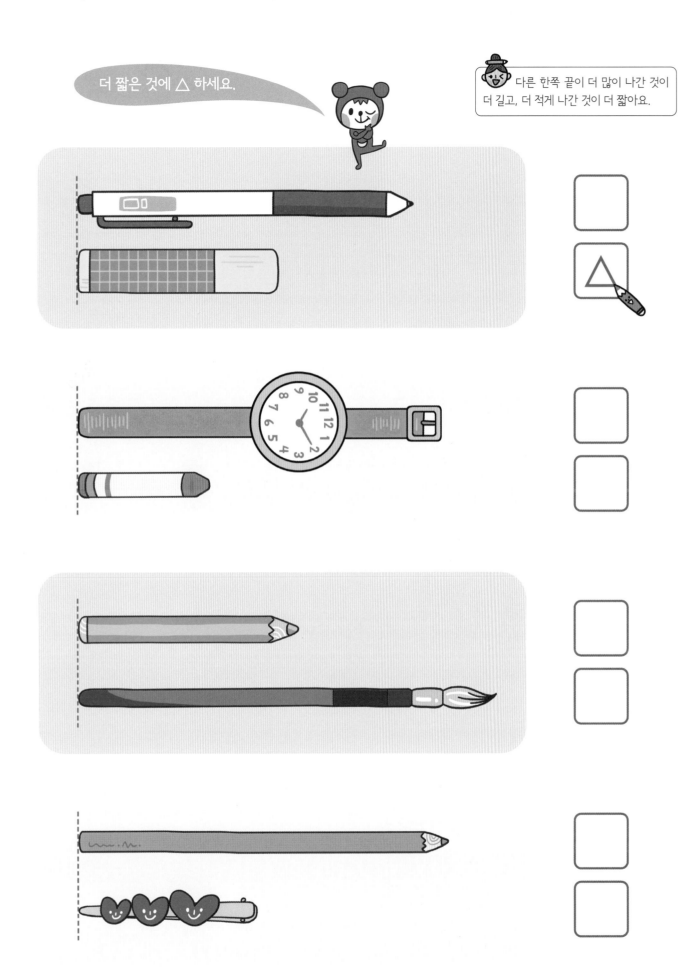

세 가지 물건을
비교할 때는 '가장 길다,
가장 짧다'로 나타내요!

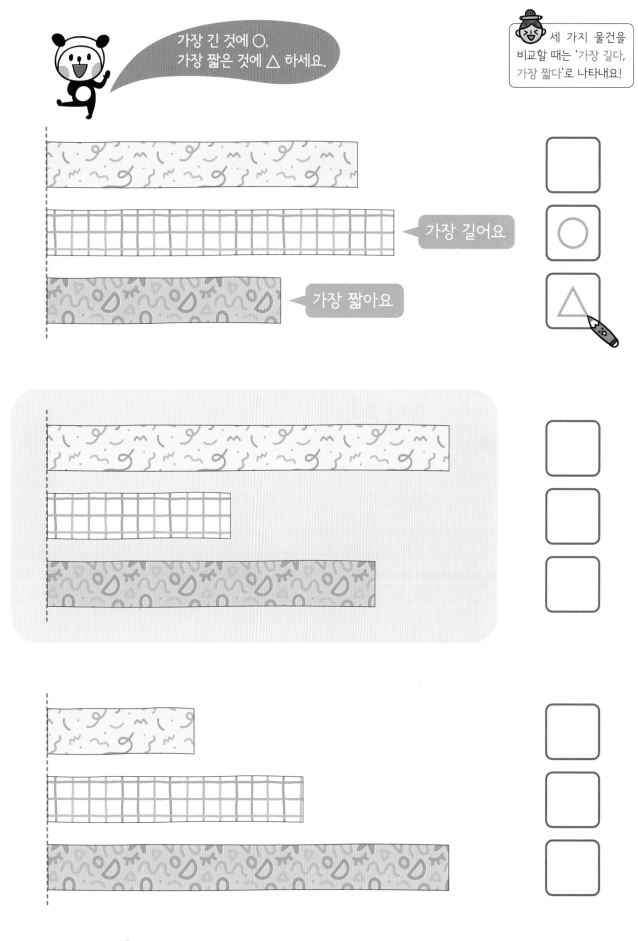

가장 길어요

가장 짧아요

우리 집에 있는 물건들의 길이를 재어 비교했어요.
그림을 보고 질문에 답하세요.

텔레비전 →

소파 →

시계 →

띠를 잘라서 길이를 비교해요!

☆ 잰 길이가 더 긴 것은 (텔레비전, 시계)입니다.

☆ 잰 길이가 가장 긴 물건에
○ 하세요.

( ,  ,)

☆ 잰 길이가 가장 짧은 물건에
△ 하세요.

(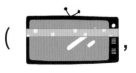 ,  ,)

높이를 비교해 보아요

더 높다

더 낮다

높이를 비교할 때는 '높다, 낮다'로 나타내요.

더 높은 쪽에 ○ 하세요.

아래쪽이 맞춰져 있는지 확인하고 위쪽 끝을 비교해 봐요.

알맞은 것끼리 선으로 이어 보세요.

 사다리의 높이를 비교해 보아요.

더 높다

더 낮다

 집의 높이를 비교해 보아요.

더 높다

더 낮다

 아래쪽이 맞추어져 있으므로 화살표가 그려진 위쪽을 보고 더 높은지, 더 낮은지 판단해요.

15

우리나라의 유명한 산들이에요.
그림을 보고 질문에 답하세요.

☆ 가장 높은 산에 ○ 하세요. (지리산, 한라산, 설악산)

☆ 가장 낮은 산에 △ 하세요. (지리산, 한라산, 설악산)

☆ 지리산은 한라산보다 더 (높습니다, 낮습니다).

☆ 한라산은 설악산보다 더 (높습니다, 낮습니다).

키를 비교해 보아요

알맞은 것끼리 선으로 이어 보세요.

키를 비교할 때도 한쪽 끝이 맞추어져 있으면 다른 쪽 끝을 보고 더 큰지 더 작은지 판단해요.

가장 크다

가장 작다

 식물의 위쪽 끝이 맞추어져 있으므로 아래쪽 끝이 가장 많이 나간 것과 가장 적게 나간 것을 찾아요.

가장 크다

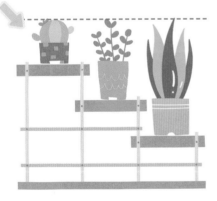

가장 작다

 길이 중에서도 키를 말할 때에는 "크다", "작다"로 말한다는 것을 다시 한번 알려주세요.

롤러코스터를 탈 수 있는 친구들에게 모두 ◯ 하세요.

롤러코스터를 타려면
키재기 판에 표시된
부분보다 키가 커야 해요.

키 제한

4일 거리를 비교해 보아요

출발선에서 **더 멀다**

출발선에서 **더 가깝다**

거리를 비교할 때는 '멀다', '가깝다'로 나타내요.

출발선에서 더 먼 쪽에 ○ 하세요.

더 멀어요

22

출발선에서 더 가까운 쪽에 △ 하세요.

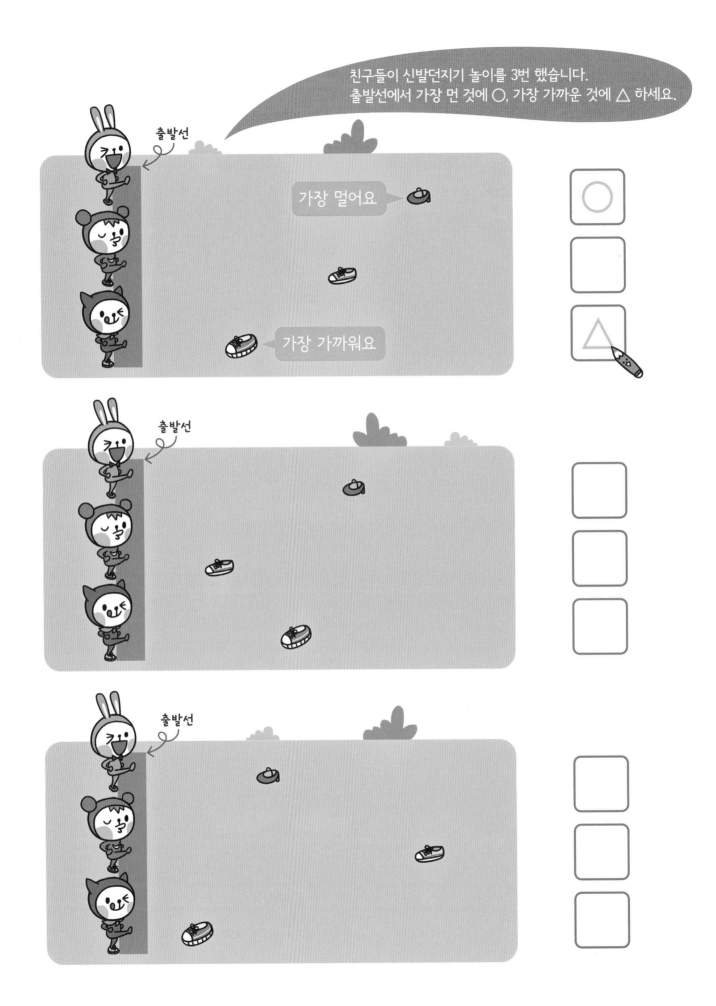

생활 속 길이

집에서 가까운 곳부터 차례로 1, 2, 3, 4를 쓰세요.

치킨 가게

출구

지하철역

집

아이스크림
가게

마트

여러 가지 단위로 길이를 재어 보아요

종이집게로 물건의 길이를 쟀어요.
□ 안에 알맞은 수를 쓰세요.

 길이를 비교할 때 사용할 수 있는 단위에는 여러 가지가 있어요!

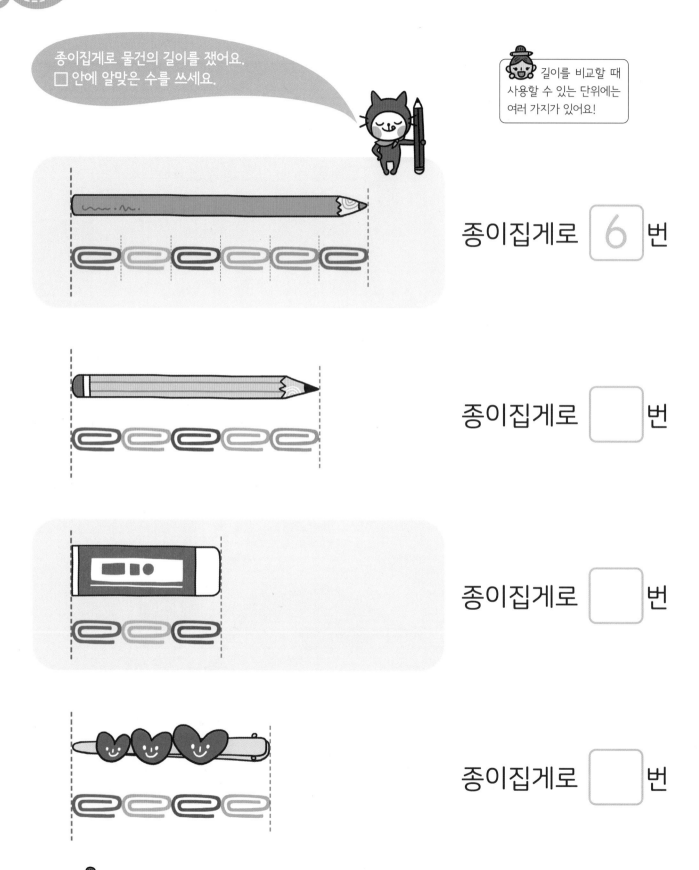

종이집게로 6 번

종이집게로 ⬚ 번

종이집게로 ⬚ 번

종이집게로 ⬚ 번

종이집게, 연필, 지우개 등 우리 주변의 여러 가지 물건들을 단위로 하여 길이를 재어 볼 수 있다는 것을 알려주세요.

몸의 일부로 여러 가지 길이를 쟀어요.
□ 안에 알맞은 수를 쓰세요.

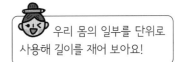
우리 몸의 일부를 단위로
사용해 길이를 재어 보아요!

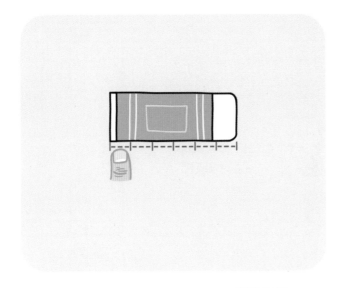

엄지손가락 너비로 6 번

뼘으로 □ 번

양팔 너비로 □ 번

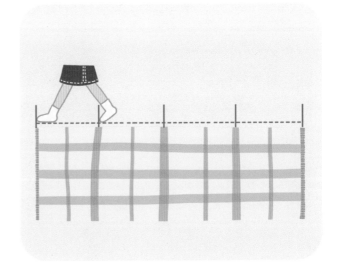

보폭으로 □ 번

교실에 있는 물건의 길이와 비슷한 길이를
찾아 선으로 이어 보세요.

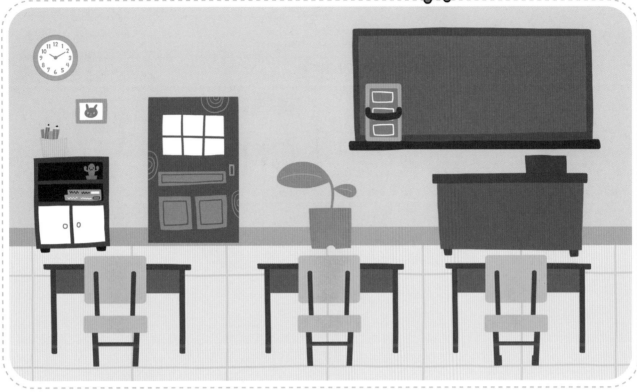

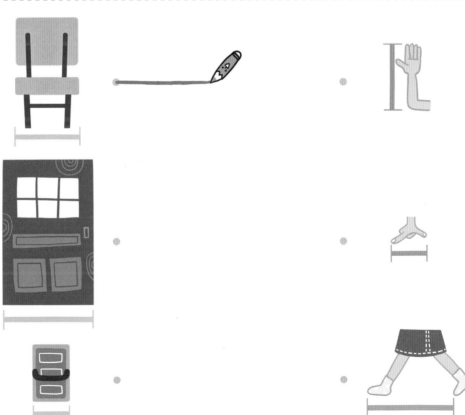

교실에 있는 물건의 길이를 우리 몸의 일부의 길이와 비교해 보는
활동을 통해 길이에 대한 양감을 키울 수 있어요!

cm 단위를 알아보아요

자에서 다음과 같은 한 칸의 길이를
1 cm라고 하고 1 센티미터라고 읽어요.

| cm

0 1 2 3 4 5

cm 쓰는 순서

1 cm
① ② ③ ④

길이를 잴 때는
자를 사용해요.
자에는 큰 눈금과
작은 눈금이 있어요.

자를 보고 주어진 길이를 써 보세요.

큰 눈금 1칸

0 1 2 3 4 5 6

1 cm [ ] 번

일 센티미터

1cm

큰 눈금 2칸

0 1 2 3 4 5 6

1 cm [ ] 번

이 센티미터

2cm

큰 눈금 3칸

0 1 2 3 4 5 6

1 cm [ ] 번

삼 센티미터

3cm

큰 눈금 4칸

0 1 2 3 4 5 6

1 cm [ ] 번

사 센티미터

4cm

초등 수학 교과서에서는 '1 센티미터'로 읽기가 표기됩니다. 이 책에서는 7살 친구들을
위해 '일 센티미터'처럼 입으로 정확히 소리 내어 읽을 수 있도록 한글로 표기했습니다.

색 테이프의 길이는 몇 cm인지 쓰세요.

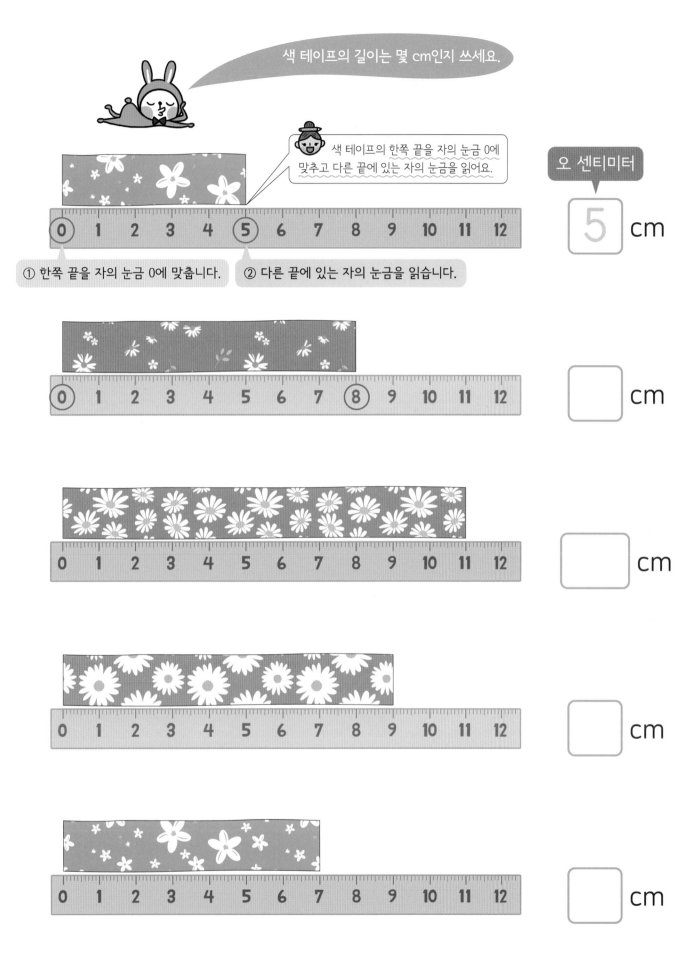

색 테이프의 한쪽 끝을 자의 눈금 0에 맞추고 다른 끝에 있는 자의 눈금을 읽어요.

오 센티미터

5 cm

① 한쪽 끝을 자의 눈금 0에 맞춥니다.

② 다른 끝에 있는 자의 눈금을 읽습니다.

cm

cm

cm

cm

자를 이용하여 물건의 길이를 잴 때에는 물건을 자에 똑바로 놓고 자의 눈금을 읽어야 해요.

물건의 한쪽 끝이 자의 눈금 0에 있지 않을 때는, 1 cm가 몇 번 들어가는지 세어 봐요.

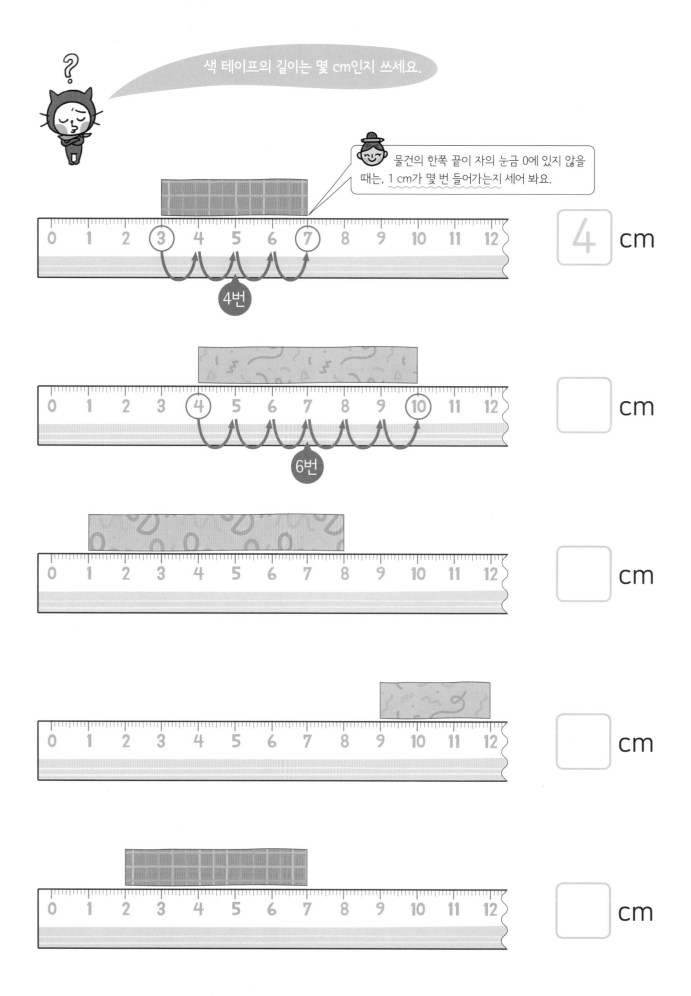

4 cm

cm

cm

cm

cm

자를 이용하여
물건의 길이를 재어 보세요.

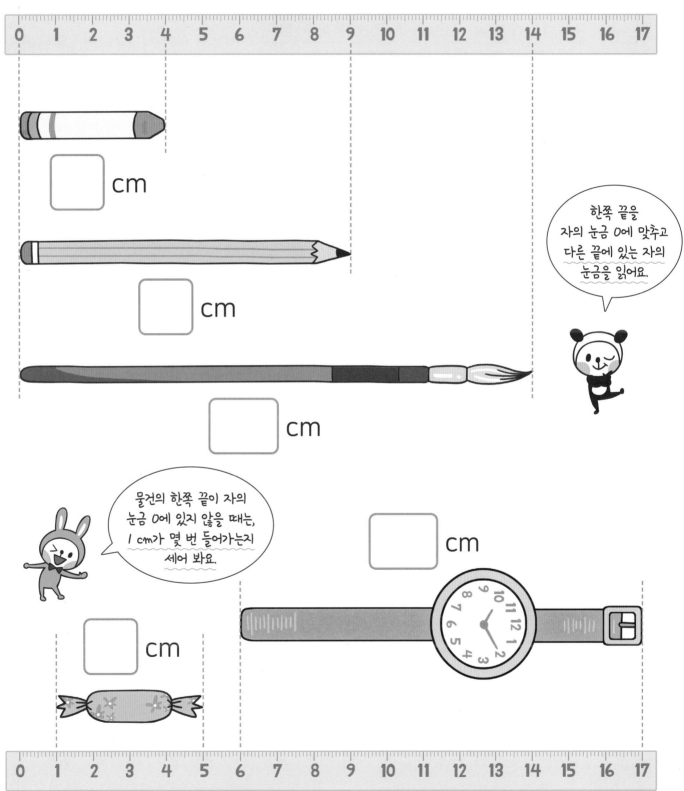

0 1 2 3 4 5 6 7 8 9 10 11 12 13 14 15 16 17

[ ] cm

[ ] cm

한쪽 끝을
자의 눈금 0에 맞추고
다른 끝에 있는 자의
눈금을 읽어요.

[ ] cm

물건의 한쪽 끝이 자의
눈금 0에 있지 않을 때는,
1 cm가 몇 번 들어가는지
세어 봐요.

[ ] cm

[ ] cm

0 1 2 3 4 5 6 7 8 9 10 11 12 13 14 15 16 17

 가장 긴 물건은 무엇인지 얘기해 보세요!

mm 단위를 알아보아요

1 cm를 10칸으로 나눈 작은 눈금의 길이를
1 mm라고 하고 1 밀리미터라고 읽어요.

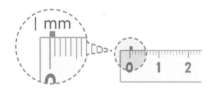

길이의 단위 mm는
'엠엠'이라고 읽지 않고,
'밀리미터'라고 읽어요!

mm 쓰는 순서

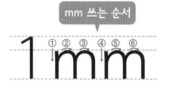

자를 보고 주어진 길이를 써 보세요.

1 mm   일 밀리미터

2 mm   이 밀리미터

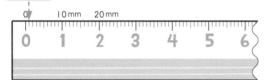
mm   삼 밀리미터

mm   사 밀리미터

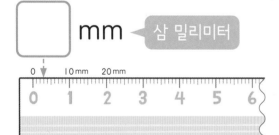

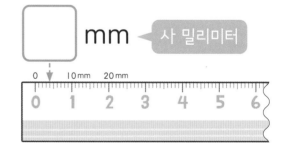

mm   오 밀리미터

mm   육 밀리미터

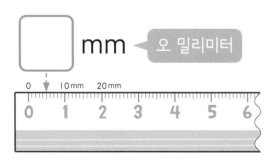

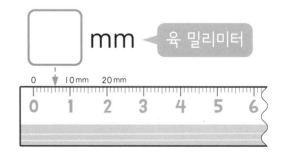

 cm보다 더 작은 단위가 필요함을 알려주고, mm는 cm보다 작은 단위라는 것을 알려주세요.

자를 보고 주어진
길이를 써 보세요.

10 mm = 1 cm

작은 눈금(1 mm)
10칸이 모여
큰 눈금(1 cm)
한 칸이 돼요.

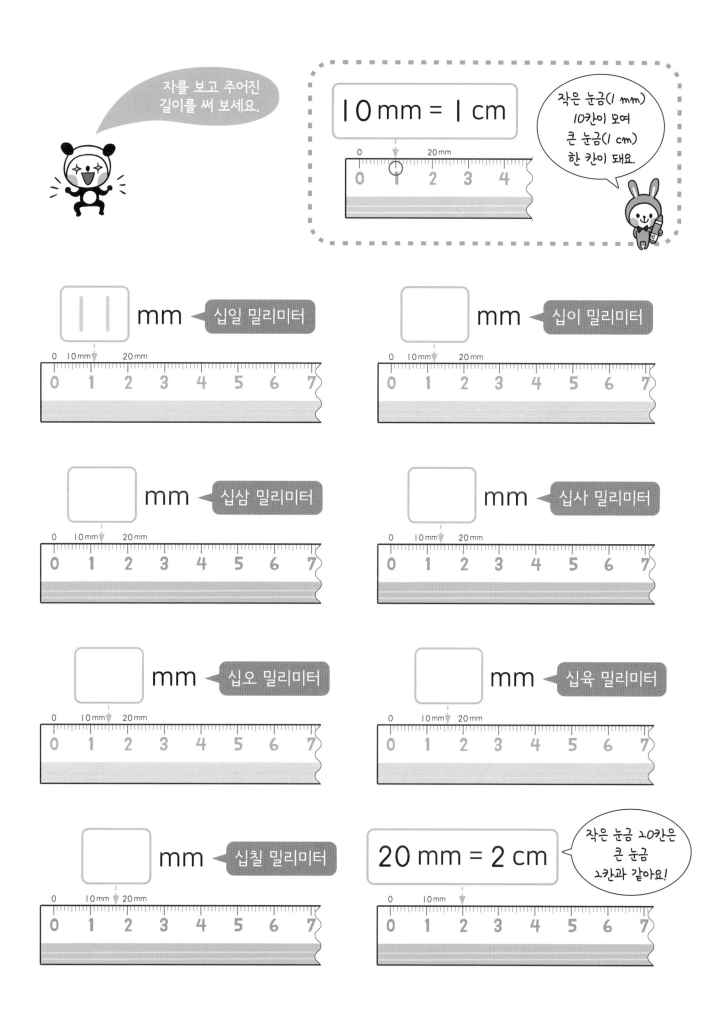

11 mm ◄ 십일 밀리미터

mm ◄ 십이 밀리미터

mm ◄ 십삼 밀리미터

mm ◄ 십사 밀리미터

mm ◄ 십오 밀리미터

mm ◄ 십육 밀리미터

mm ◄ 십칠 밀리미터

20 mm = 2 cm

작은 눈금 20칸은
큰 눈금
2칸과 같아요!

어떤 길이 단위를 사용하면 좋을지
하나를 골라 색칠해 보세요.

쌀 길이 3

cm 단위로
나타내기에
너무 작은 길이는
mm 단위를
사용해요!

mm   cm

알약 길이 8

mm   cm

곤충 길이 12

mm   cm

200 mm는
20 cm예요.
신발 치수를
말할 때는 흔히
mm 단위를 써요.

신발 치수 200

mm   cm

머리핀 길이 5

mm   cm

연필 길이 15

mm   cm

자를 이용해 주어진 길이를 재어 보고,
5 mm 정도 되는 물건에 모두 ○ 하세요.

생활 속 단위

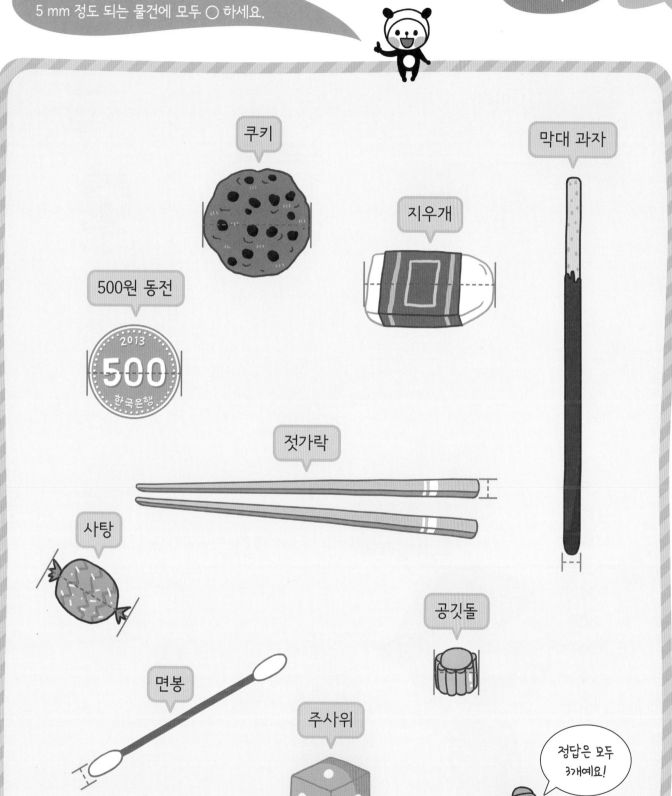

쿠키

막대 과자

지우개

500원 동전

젓가락

사탕

공깃돌

면봉

주사위

정답은 모두
3개예요!

m 단위를 알아보아요

100 cm를 1 미터라고 하고
1 미터를 1 m라고 써요.

100 cm = 1 m

m 쓰는 순서

1m ① ② ③

m는 cm보다 더 큰 길이를 나타내는 단위예요!

□ 안에 알맞은 수를 써 보세요.

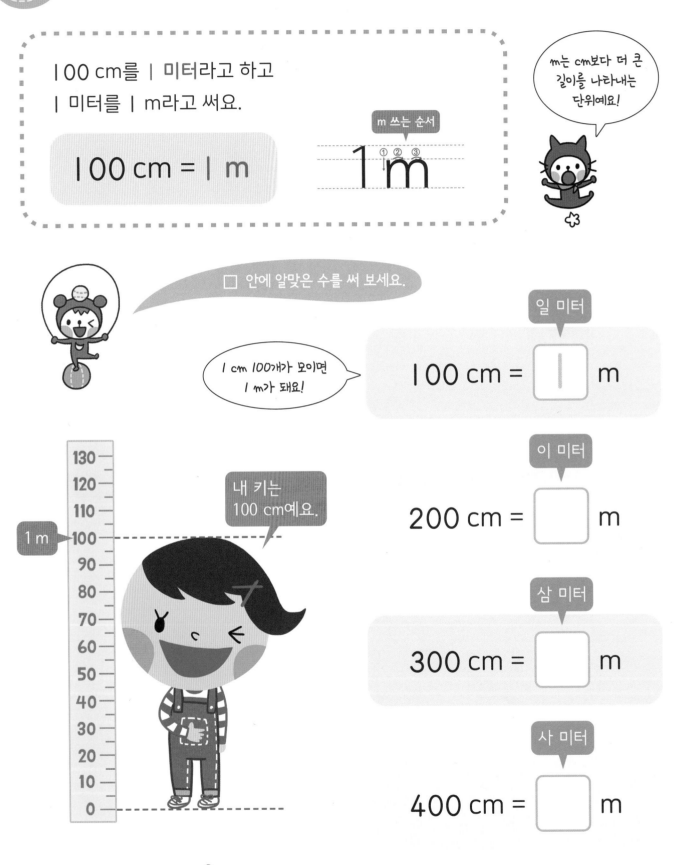

1 cm 100개가 모이면 1 m가 돼요!

일 미터

100 cm = | m

이 미터

200 cm = ☐ m

내 키는 100 cm예요.

1 m

삼 미터

300 cm = ☐ m

사 미터

400 cm = ☐ m

m를 '엠'이 아닌 '미터'라고 읽으면서 쓰도록 지도해 주세요.

□ 안에 알맞은 수를 써 보세요.

이백 센티미터

2 m = 200 cm

1 m는 100 cm와 같아요!

2 m = ☐ cm

3 m = ☐ cm

4 m = ☐ cm

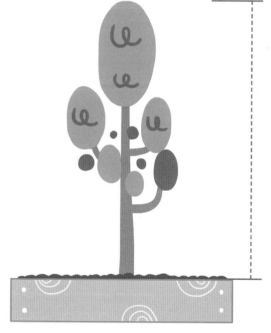

오백 센티미터

5 m = 500 cm

5 m = 500 cm

6 m = ☐ cm

7 m = ☐ cm

길이가 같은 것끼리 선으로 이어 보세요.

5 m
오 미터

700 cm
칠백 센티미터

7 m
칠 미터

가장 짧아요!

400 cm
사백 센티미터

4 m
사 미터

500 cm
오백 센티미터

9 m
구 미터

가장 길어요!

900 cm
구백 센티미터

놀이터에서 길이가 1 m가 넘으면 ○,
1 m가 넘지 않으면 △ 하세요.

자전거의 높이는 1 m예요.
자전거의 높이를 기준으로
찾아봐요.

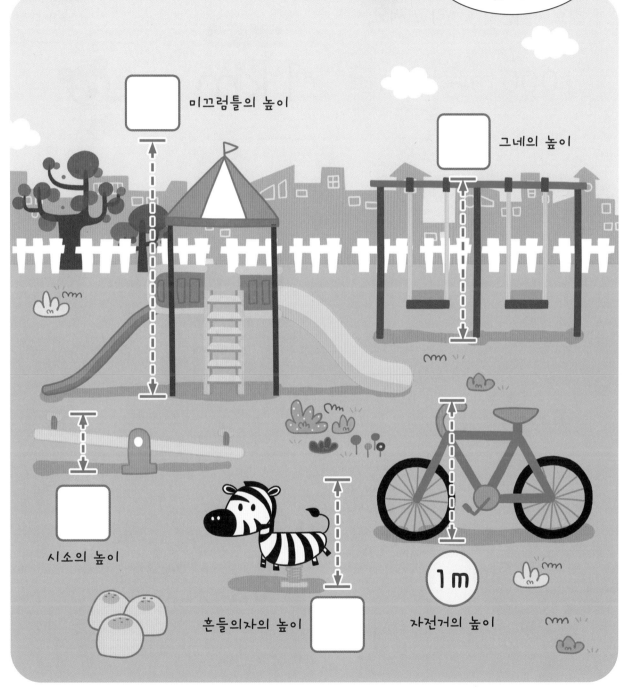

미끄럼틀의 높이

그네의 높이

시소의 높이

흔들의자의 높이

자전거의 높이

1 m

우리집
도움말

실제로 1 m의 길이가 어느 정도 되는지 아이들이 인지할 수 있도록 지도해 주세요. 한 쪽 팔을 쭉 뻗어 보았을 때 다른 쪽 어깨에서 뻗은 팔의 손 끝까지의 길이가 약 1 m가 된다고 일러 주는 것도 1 m의 길이를 어림하는 데 도움이 돼요.

km 단위를 알아보아요

1000 m를 1 킬로미터라고 하고
1 킬로미터를 1 km라고 써요.

1000 m = 1 km

km 쓰는 순서

1 km

1 m 1000개가 모이면
1 km가 돼요!

어디에 km를 쓰면 좋을지 ○ 해 보세요.

개미의 길이

새싹의 높이

나무의 높이

아주 먼 거리를
나타낼 때
km단위가
필요해요.

자동차가 달린 거리

아주 먼 거리를 m 단위로 나타내려면 숫자가 너무 커져서 불편했기 때문에
1000 m를 1 km로 하자고 약속한 것이라고 알기 쉽게 설명해 주세요.

1000 m = ☐ km   2000 m = ☐ km

3000 m = ☐ km   4000 m = ☐ km

5000 m = ☐ km   6000 m = ☐ km

☐ m = 1 km   ☐ m = 2 km

답을 모두 색칠하면 어떤 글자가 나올까요?

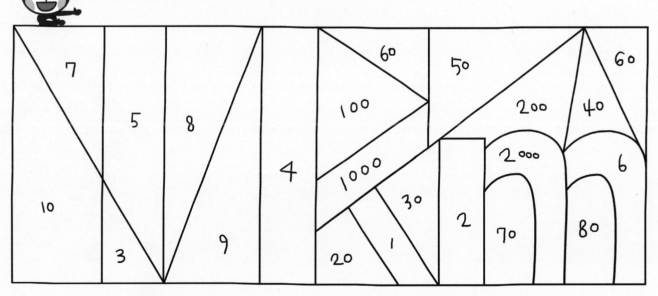

그림에 색칠하면서 '1000 m=1 km'라는 것을 자연스럽게 익히도록 지도해 주세요.

더 큰 단위를 따라가면 과자의 집에
도착할 수 있어요! 더 큰 단위를 따라가세요.

 mm < cm < m < km 순으로 더 큰 단위예요. 앞에서 배운 길이 단위를 모아서 정리해 주세요!

44

무게도 벌써 알아요!

kg

이 밀가루 한 봉지의 무게는 1 kg이에요.

밀가루 1 kg

1 kg

사물이 얼마나 무거운지 잰 값을 '무게'라고 해요.

무게의 단위에는 킬로그램(kg)과 그램(g)이 있어요!

g

밀가루 1 g은 요만큼이에요.

1 g

킬로그램(kg)으로 나타내기에 너무 작은 양은 그램(g)으로 나타내요.

10일 무게를 비교해 보아요 (1)

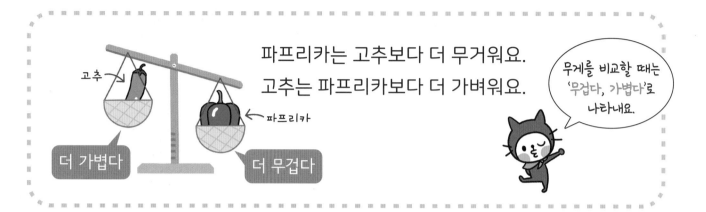

파프리카는 고추보다 더 무거워요.
고추는 파프리카보다 더 가벼워요.

무게를 비교할 때는 '무겁다, 가볍다'로 나타내요.

고추

파프리카

더 가볍다

더 무겁다

더 무거운 것에 ○ 하세요.

아래로 내려간 쪽이 더 무거워요.

더 가벼운 것에 △ 하세요.

위로 올라간 쪽이
더 가벼워요.

양팔저울의 무게 비교를 어려워하면 놀이터에 있는 시소와 원리가 똑같다고 얘기해 주세요.
아래로 내려간 쪽이 더 무겁고, 위로 올라간 쪽이 더 가벼워요!

화살표가 가리키는 것과
알맞게 선으로 이어 보세요.

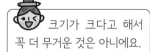 크기가 크다고 해서
꼭 더 무거운 것은 아니에요.

가장 무겁다

가장 가볍다

개수가 많다고 해서
꼭 더 무거운 것은 아니에요.

가장 무겁다

가장 가볍다

 크기가 크거나, 물건의 개수가 많다고 해서 꼭 더 무거운 것은 아니라는 것을 알려주세요.

마트에 있는 과일의 무게를 비교했어요.
그림을 보고 질문에 답하세요.

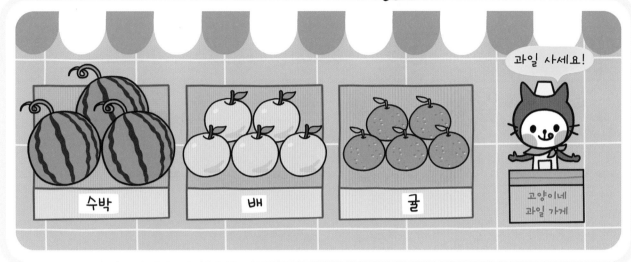

☆ 배와 수박 중 더 무거운 과일에 ○ 하세요. (, 🍉)

☆ 배와 귤 중 더 무거운 과일에 ○ 하세요. (🍎 , 🍊)

☆ 가장 무거운 과일은 (수박, 배, 귤)입니다.

☆ 가장 가벼운 과일은 (수박, 배, 귤)입니다.

무게를 비교해 보아요 (2)

돼지는 강아지보다 더 무거워요.
강아지는 돼지보다 더 가벼워요.

더 무겁다　　더 가볍다

무게를 비교할 때는
'무겁다, 가볍다'로
나타내요.

시소가 아래로
내려간 쪽이
더 무거워요.

무게가 더 무거운 쪽에 색칠해 보세요.

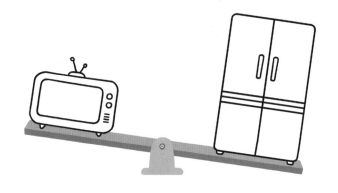

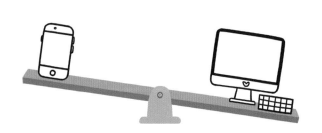

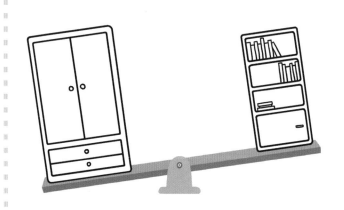

가장 무거운 것에 〇,
가장 가벼운 것에 △ 하세요.

가장 가벼워요

가장 무거워요

에어컨이 가장 무겁고,
부채가 가장 가벼워요!

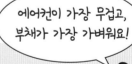

동물원에 있는 동물의 무게를 비교했어요.
그림을 보고 질문에 답하세요.

내가 더 무거워.

호랑이

기린

내가 더 가벼워.

원숭이

호랑이

☆ 기린과 호랑이 중 더 무거운 동물에 ○ 하세요. ( ,)

☆ 원숭이와 호랑이 중 더 무거운 동물에 ○ 하세요. (,)

☆ 가장 무거운 동물은 (호랑이, 원숭이, 기린)입니다.

kg 단위를 알아보아요

무게의 단위로 kg이 있어요.
kg은 킬로그램이라고 읽어요.

kg 쓰는 순서

무게의 단위 kg은
'케이쥐'라고 읽지 않고,
'킬로그램'이라고 읽어요!

저울이 가리키는 눈금은 몇 kg인지 쓰세요.

일 킬로그램

| kg |

이 킬로그램

| kg |

삼 킬로그램

| kg |

사 킬로그램

| kg |

 저울의 눈금을 읽는 것에 집중하도록 물건을 생략했어요! 저울이 가리키는 눈금을 잘 읽도록 도와주세요.

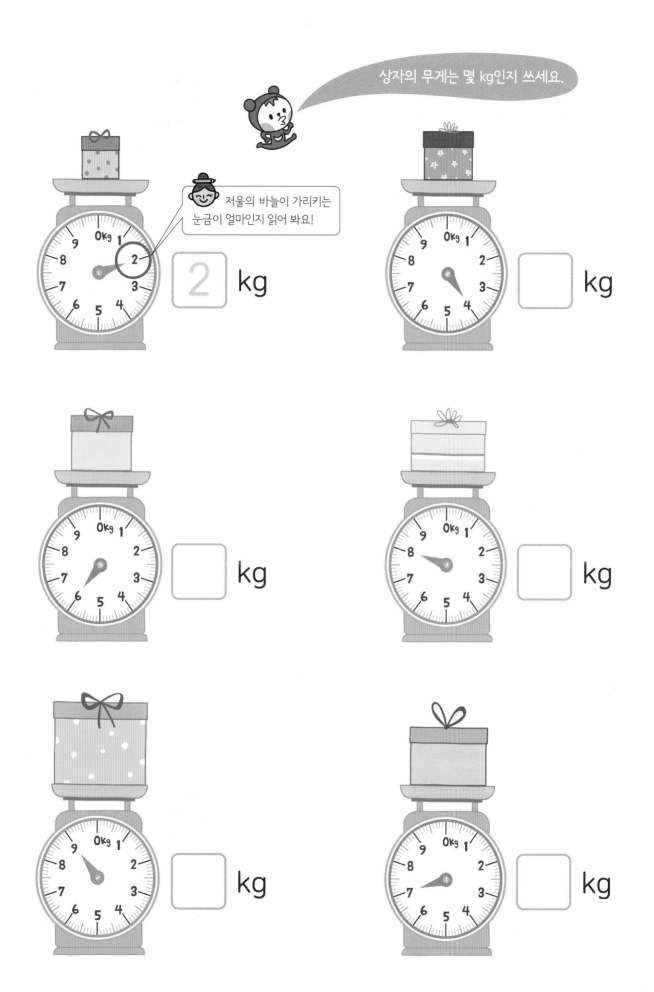

상자의 무게는 몇 kg인지 쓰세요.

저울의 바늘이 가리키는
눈금이 얼마인지 읽어 봐요!

2 kg

kg

kg

kg

kg

kg

무게를 바르게 읽은 말을 선으로 이어 보세요.

5 kg
오 킬로그램

7 kg
칠 킬로그램

가장 가벼워요!

4 kg
사 킬로그램

가장 무거워요!

8 kg
팔 킬로그램

마트에서 장을 본 물건이에요.
물음에 답하세요.

소고기
1 kg

감자 봉지
3 kg

고추장
2 kg

쌀
10 kg

⭐ 고추장보다 더 무거운 것에 모두 ○ 하세요.

고추장의 무게는
2 kg이에요.

⭐ 가장 무거운 것에 ○, 가장 가벼운 것에 △ 하세요.

57

13일 g 단위를 알아보아요

무게의 단위에는 g도 있어요.

g은 그램이라고 읽어요.

1000 g은 1 kg과 같아요.

$$1000\ g = 1\ kg$$

g 쓰는 순서

1g

kg보다 가벼운 물건의 무게를 나타낼 때는 g 단위를 써요!

저울이 가리키는 눈금은 몇 g인지 쓰세요.

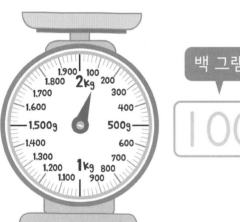

백 그램

100 g

이백 그램

200 g

사백 그램

400 g

육백 그램

600 g

 저울의 눈금을 읽는 것에 집중하도록 물건을 생략했어요! 저울이 가리키는 눈금을 잘 읽도록 도와 주세요.

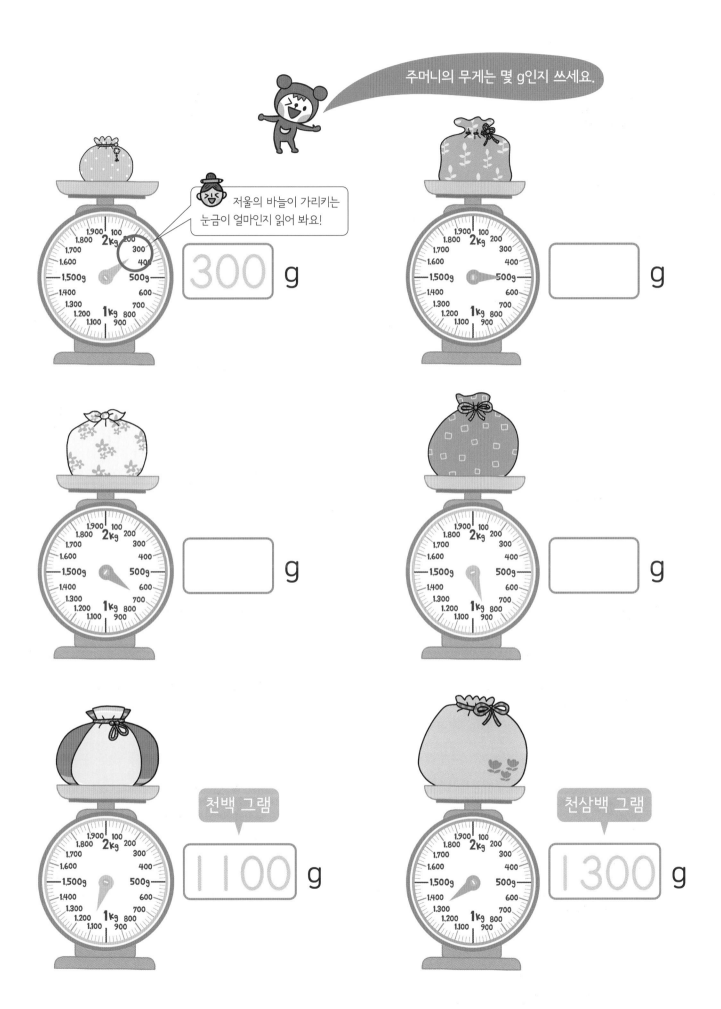

주머니의 무게는 몇 g인지 쓰세요.

저울의 바늘이 가리키는 눈금이 얼마인지 읽어 봐요!

300 g

g

g

g

천백 그램
1100 g

천삼백 그램
1300 g

무게가 같은 것끼리 선으로 이어 보세요.

1 kg은 1000 g과 같아요!

1 kg
일 킬로그램

7000 g
칠천 그램

3 kg
삼 킬로그램

가장 가벼워요!
1000 g
천 그램

7 kg
칠 킬로그램

3000 g
삼천 그램

9 kg
구 킬로그램

가장 무거워요!
9000 g
구천 그램

1000 g=1 kg임을 이용하여 1000 g이 몇 개 있는 것과 같은지 얘기해 보세요.

팬케이크를 만들기 위한 재료예요. 물음에 답하세요.

버터는 10 g이 필요해.

밀가루

설탕

BUTTER

베이킹파우더

밀가루
120 g

설탕
17 g

버터
10 g

베이킹파우더
3 g

☆ 버터 10 g보다 더 무거운 것에 모두 ○ 하세요.

밀가루
120 g

설탕
17 g

베이킹파우더
3 g

☆ 가장 무거운 것에 ○, 가장 가벼운 것에 △ 하세요.

밀가루
120 g

설탕
17 g

버터
10 g

베이킹파우더
3 g

14일 무게 단위를 섞어서 연습해 보아요

어떤 무게 단위를 사용하면 더 좋을지 색칠해 보세요.

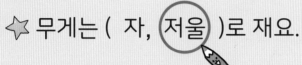 

☆ 무게는 (자, 저울)로 재요.

☆ 농구공이 탁구공보다 더 (가벼워요, 무거워요).

☆ 코끼리가 토끼보다 더 (가벼워요, 무거워요).

☆ 피아노의 무게를 잴 때는 (g, kg) 단위가 더 적당해요.

☆ 귤 1개의 무게를 잴 때는 (g, kg) 단위가 더 적당해요.

☆ 1 kg은 1 g보다 더 (가벼워요, 무거워요).

☆ 1 kg은 (100 g, 1000 g)과 같아요.

 앞에서 배운 무게 비교와 무게의 단위 kg, g을 모아서 정리해 봐요!

생활 속 단위

무게를 잴 때 더 알맞은 단위를 따라
길을 찾아가 보세요.

64

들이도 벌써 알아요!

통이나 그릇 안에 꽉 채워 담을 수 있는 양을 '들이'라고 해요.

L

물이 정확히 1 L 담겨 있어요.

들이의 단위에는 L(리터)와 mL(밀리리터) 등이 있어요.

mL

겨우 한 방울이네!

리터(L)로 나타내기에 너무 적은 양은 밀리리터(mL)로 나타내요.

15일 들이를 비교해 보아요 (1)

더 많다 ← → 더 적다

모양과 크기가 같은 그릇의 들이는 그릇 안에 든 것의 높이가
높으면 담긴 양이 더 많고, 낮으면 담긴 양이 더 적어요.

들이를 비교할 때는
담긴 양이
'많다, 적다'로
나타내요.

담긴 양이 더 많은 그릇에 ○ 하세요.

모양과 크기가 같은 그릇의 들이를 비교할 때는 담긴 것의
높이가 더 높은 쪽이 담긴 양이 더 많은 것이라고 지도해 주세요.

66

담긴 것의 높이가
더 낮은 것의
담긴 양이 더 적어요.

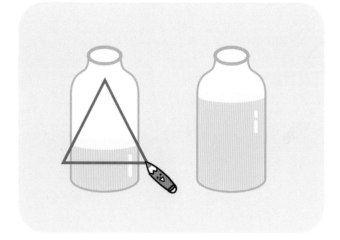

모양과 크기가 같은 그릇의 들이를 비교할 때는 담긴 것의
높이가 더 낮은 쪽이 담긴 양이 더 적은 것이라고 지도해 주세요.

담긴 양이 가장 많은 컵에 ○,
가장 적은 컵에 △ 하세요.

 우리 집 냉장고에 들어 있는 음료수들이에요.

어떤 음료수를 마실까?

⭐ 왼쪽 음료수와 담긴 양이 같도록 색칠해 보세요.

     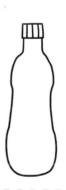

 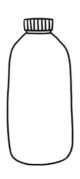    

더 많다

더 적다

들이를 비교할 때는
담긴 양이
'많다, 적다'로
나타내요.

주전자는 컵보다 담을 수 있는 양이 더 많아요.
컵은 주전자보다 담을 수 있는 양이 더 적어요.

담긴 양이 더 많은 그릇에 ○ 하세요.

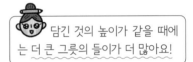
담긴 것의 높이가 같을 때에
는 더 큰 그릇의 들이가 더 많아요!

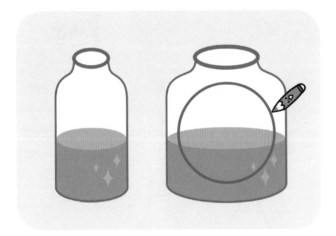

70

담을 수 있는 양이 더 적은 것에 △ 하세요.

작은 그릇에
담을 수 있는 양이
더 적어요!

각 그릇을 가득 채운 뒤 크기가 같은 컵에 모두 옮겨 담았어요. 들이가 더 많은 그릇에 ○ 하세요.

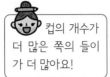

컵의 개수가 더 많은 쪽의 들이가 더 많아요!

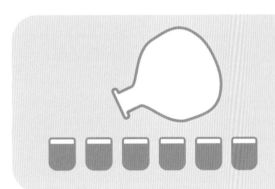
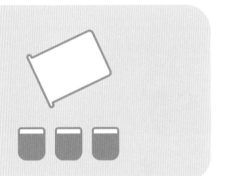

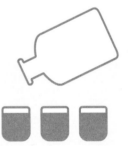

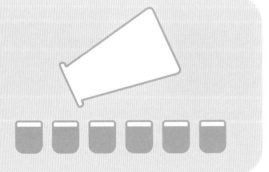

집에 있는 음료들을 크기가 같은 컵에 모두 옮겨 담았어요. 그림을 보고 질문에 답하세요.

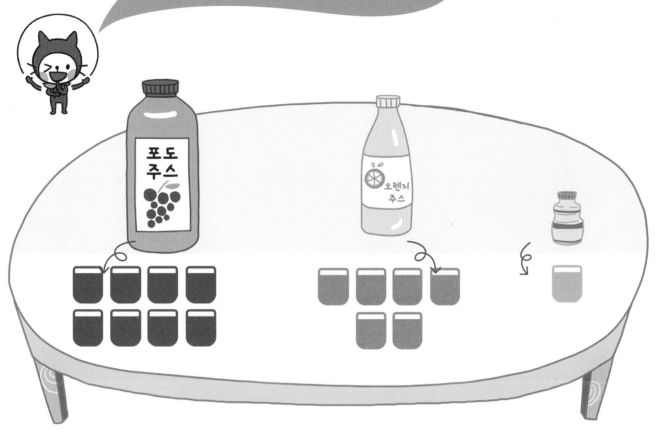

☆ 포도 주스와 오렌지 주스 중
들이가 더 많은 것에 ○ 하세요.

( ,)

포도 주스는 8잔,
오렌지 주스는 6잔!

─────────────────────────────

☆ 오렌지 주스와 요구르트 중
들이가 더 많은 것에 ○ 하세요.

( , )

오렌지 주스는 6잔,
요구르트는 1잔!

─────────────────────────────

☆ 들이가 가장 많은 것은 ( , ,) 입니다.

L 단위를 알아보아요

들이를 잴 때 쓰는 단위로
L가 있어요.
L라고 쓰고 리터라고 읽어요.

들이를 재는 단위 L는
엘이 아닌
'리터'라고 읽어요!

들이를 재는
1 L짜리
계량컵이에요.

물의 양은 모두 몇 L인지 쓰세요.

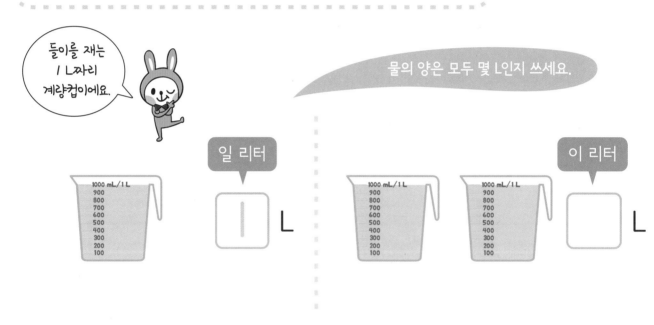

일 리터

[|] L

이 리터

[ ] L

삼 리터

[ ] L

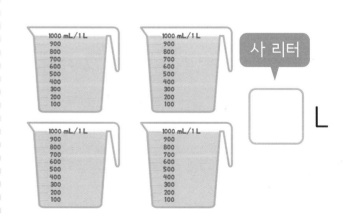

사 리터

[ ] L

물병의 물을 1 L 들이 컵에 모두 따라 부었어요.
물병에 담겼던 물은 모두 몇 L일까요?

1 L가 담긴 컵의
개수를 잘 세어 보아요!

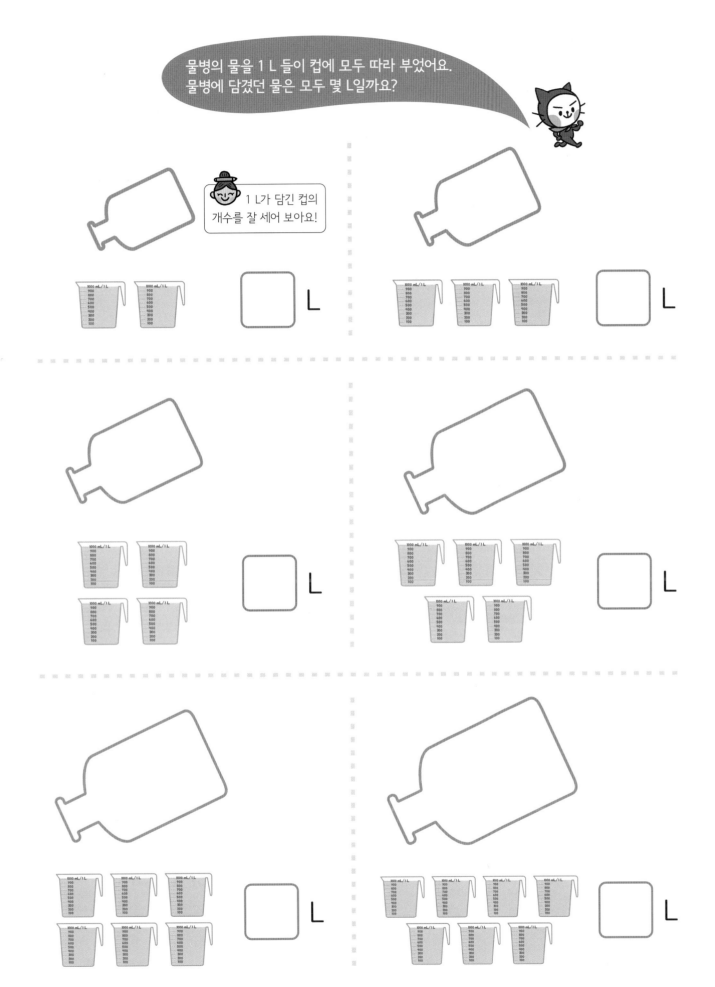

들이를 바르게 읽은 말을
선으로 이어 보세요.

생수통
5 L

가장 적어요!
일 리터

1 L

가장 많아요!
오 리터

4 L

이 리터

2 L

사 리터

주어진 들이를 읽어 보면서 주변 물건들을 활용하여 실제 양감을 익힐 수 있도록 도와 주세요.

★ | L보다 들이가 많은 물건에 모두 ○ 하세요.

mL 단위를 알아보아요

들이를 잴 때 쓰는 단위로
mL가 있어요.
mL라고 쓰고 밀리리터라고 읽어요.

요구르트, 물약,
화장품처럼
적은 들이를 잴 때
주로 mL 단위를
사용해요.

눈금 한 칸은 100 mL

mL 쓰는 순서

물의 양은 모두 몇 mL인지 쓰세요.

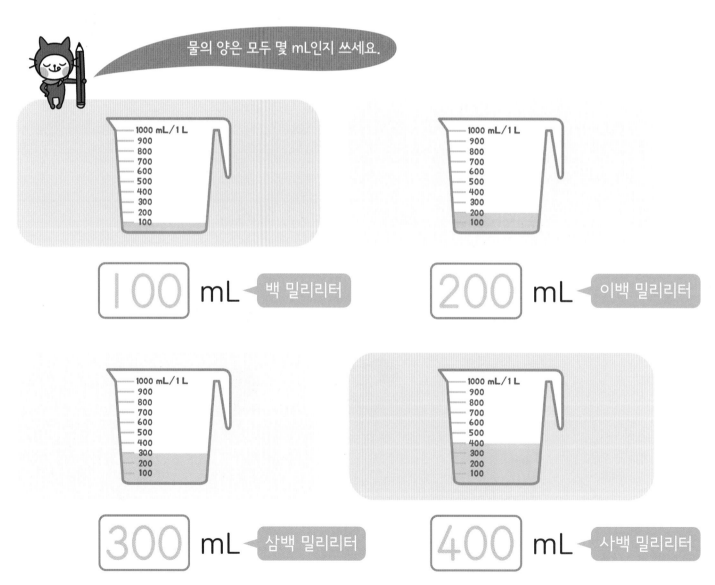

100 mL ◀ 백 밀리리터

200 mL ◀ 이백 밀리리터

300 mL ◀ 삼백 밀리리터

400 mL ◀ 사백 밀리리터

물의 양은 모두 몇 mL인지 쓰세요.

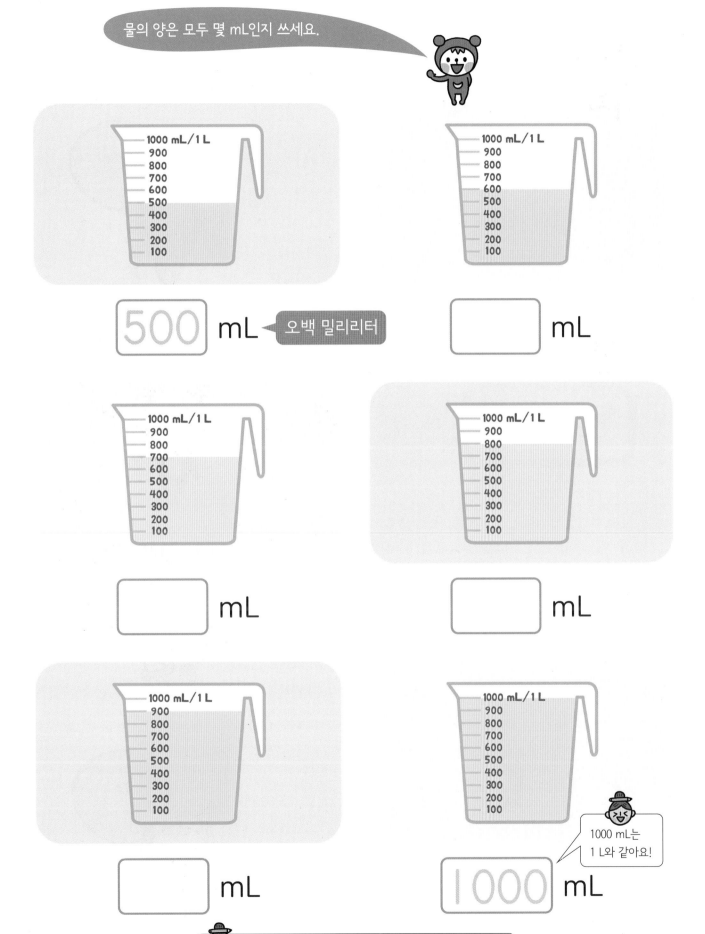

500 mL ◄ 오백 밀리리터

_____ mL

_____ mL

_____ mL

_____ mL

1000 mL

1000 mL는
1 L와 같아요!

실제 물의 양이 어느 정도인지 양감을 익힐 수 있도록 집에서
계량컵에 담긴 물의 양을 보여 주며 지도해 주세요.

들이가 같은 것끼리 선으로 이어 보세요.

1000 mL

5 L

오천 밀리리터

5000 mL

3 L

3000 mL

1 L

칠천 밀리리터

7000 mL

7 L

 mL는 밀리리터, L는 리터라고 읽어요!

욕실에 있는 물건들의 들이가
어느 정도인지 계량컵에 색칠해 보세요.

700 mL

800 mL

500 mL

300 mL

19일 들이 단위를 섞어서 연습해 보아요

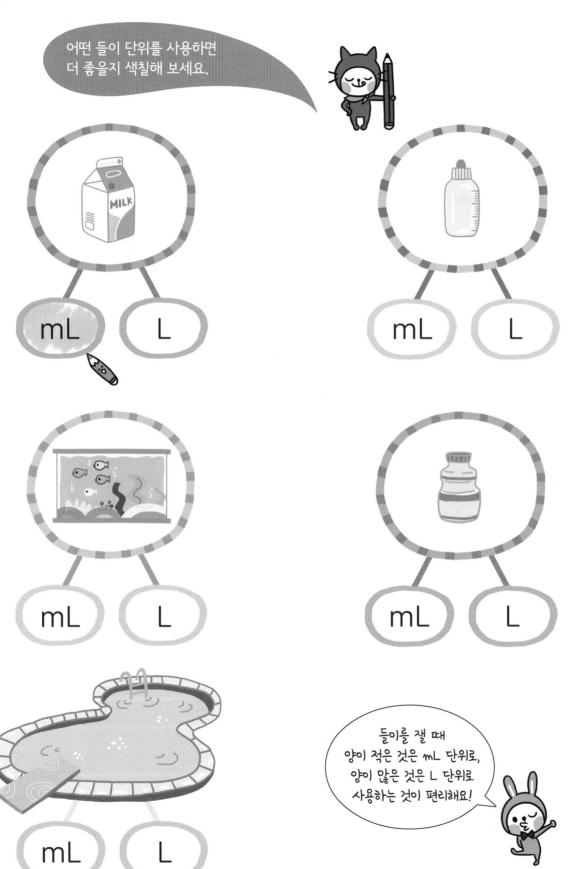

알맞은 것에 ○ 하세요.

✿ 들이는 (저울, 계량컵)으로 재요.

✿ 물컵의 들이를 잴 때는 (L, mL) 단위가 더 적당해요.

✿ 정수기 생수 통의 들이를 잴 때는 (L, mL) 단위가 더 적당해요.

✿ 1 mL는 1 L보다 들이가 더 (많아요, 적어요).

✿ 1 L는 (100 mL, 1000 mL)와 같아요.

✿ 욕조의 들이가 세숫대야의 들이보다 더 (많아요, 적어요).

 앞에서 배운 들이 비교와 들이 단위를 모아서 정리해 주세요.

동물 친구가 집에 도착할 수 있도록
들이를 알맞게 나타낸 쪽을 따라가세요!

어느새 '길이와 무게 재기' 학습이 마무리되었습니다. 한 권을 끝까지 풀어 낸 아이를
꼭 안고 칭찬해 주세요.
예 "책 한 권을 끝까지 다 풀다니, 엄마는 우리 ○○가 정말 기특하고 자랑스러워!"

우리집
도움말

7살 첫수학

길이와 무게 재기

정답

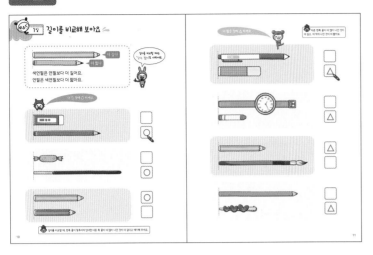

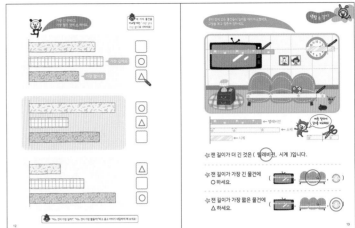

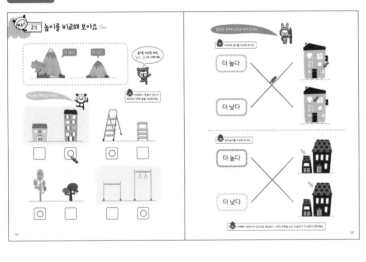

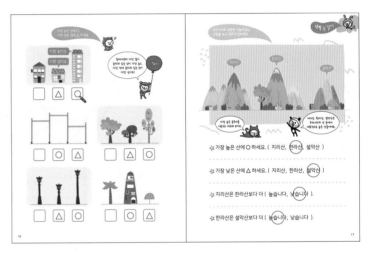

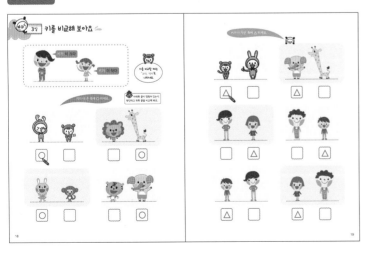

4일 　　　　　　　　22~23쪽　　　　　　　　　　　　24~25쪽

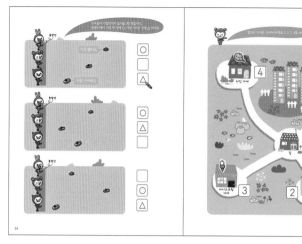

5일 　　　　　　　　26~27쪽　　　　　　　　　　　　28~29쪽

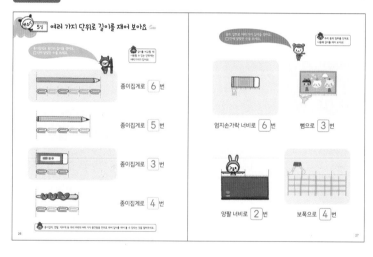

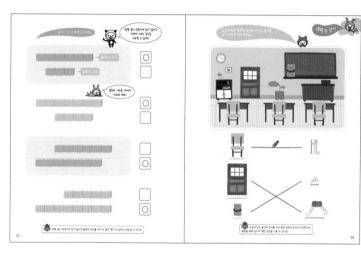

6일 　　　　　　　　30~31쪽　　　　　　　　　　　　32~33쪽

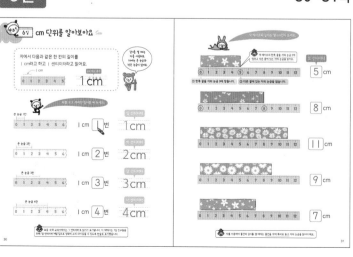

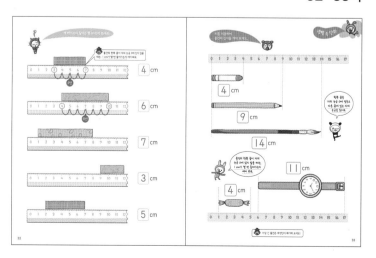

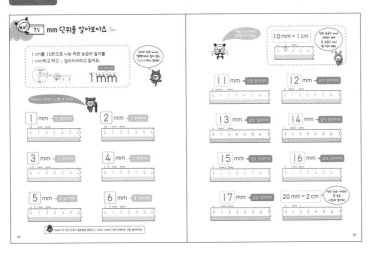

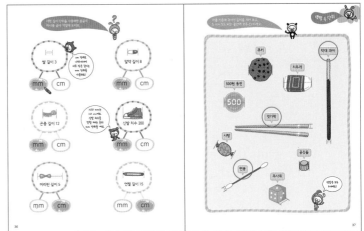

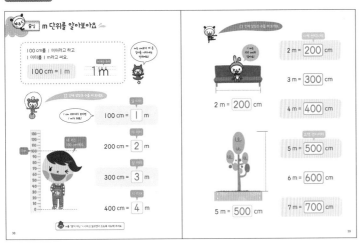

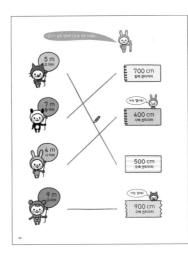

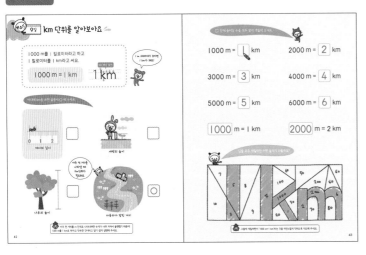

길이를
벌써
알아요!

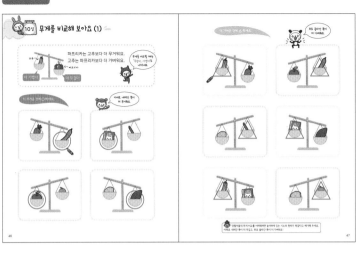

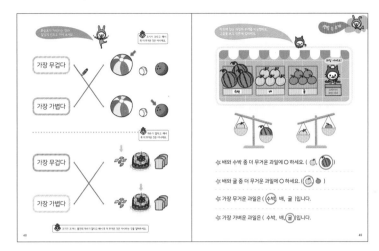

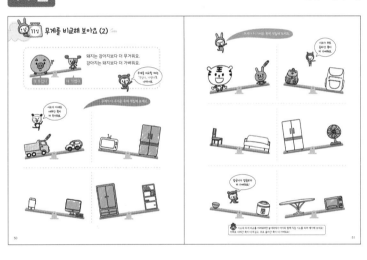

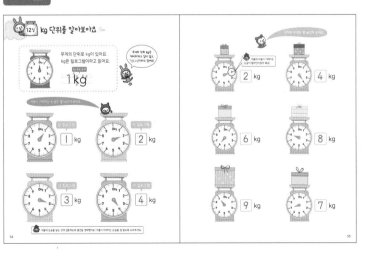

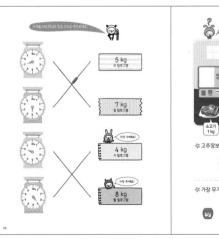

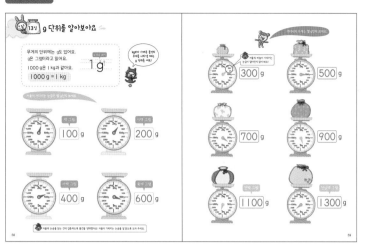

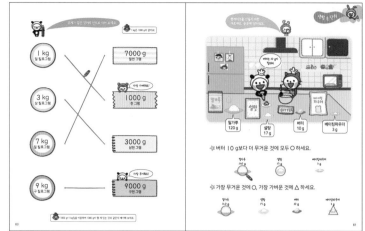

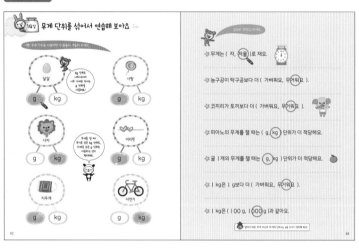

무게도
벌써
알아요!

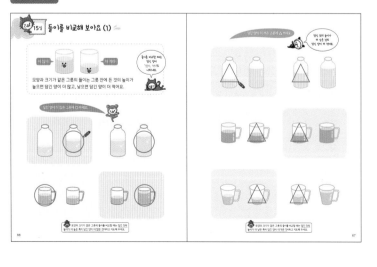

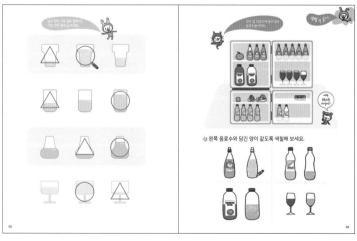

16일

70~71쪽

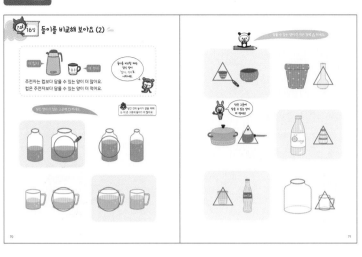

72~73쪽

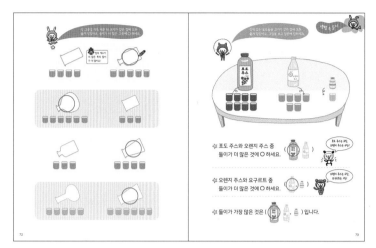

17일

74~75쪽

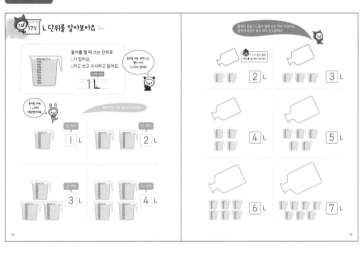

76~77쪽

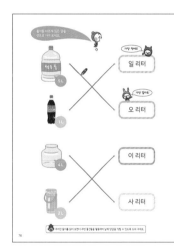

18일

78~79쪽

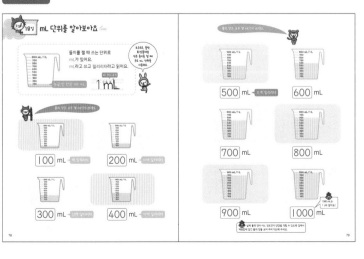

80~81쪽

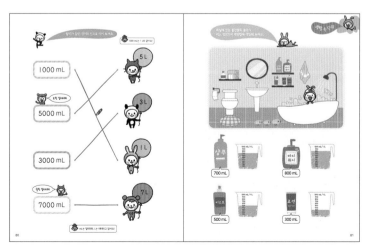

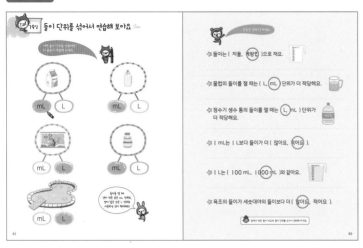

바빠 맞춤법

교과서 필수 어휘로 초등 맞춤법 완성하기!

어린이 글 2만 건 분석 추출

영재사랑 교육연구소, 호사라 지음

바쁜 초등학생을 위한 빠른 맞춤법 1

속담, 수수께끼, 생활 글로 재미있게 배워요!

1~3학년 국어 교과서 연계

이지스에듀

맞춤법
받아쓰기
띄어쓰기

바빠 맞춤법 1, 2권 | 각 권 10,000원 | 세트 18,000원

★ ★ ★

맞춤법, 받아쓰기, 띄어쓰기를 한 번에!

교과서 필수 어휘로 초등 맞춤법 완성!

어린이 글 2만 건 분석 추출

맞춤법
받아쓰기(QR코드 제공)
띄어쓰기

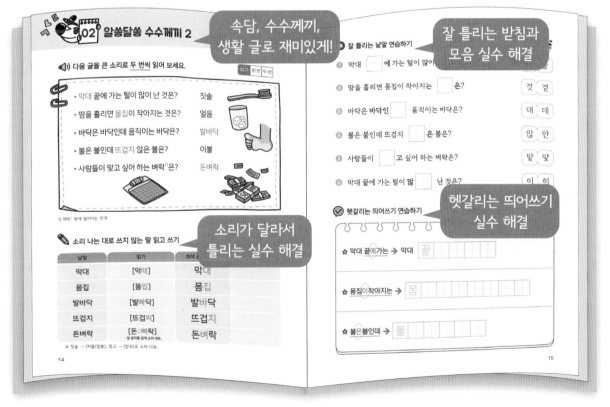

속담, 수수께끼, 생활 글로 재미있게!

소리가 달라서 틀리는 실수 해결

잘 틀리는 받침과 모음 실수 해결

헷갈리는 띄어쓰기 실수 해결

호 박사

분당 영재사랑 교육연구소에서 지도한 아이들의 문법 습득 과정을 반영해 과학적으로 설계했어요!

7살 첫 수학 - 시계와 달력

7살 첫 수학 — 시계와 달력 | 8,000원

쓰고 그리며 즐겁게 배워요!

7살 맞춤, 시계와 달력 공부법!

미취학 아동 베스트 1위

이 책으로 공부하면 시계와 달력 보기에 자신감이 생겨요!

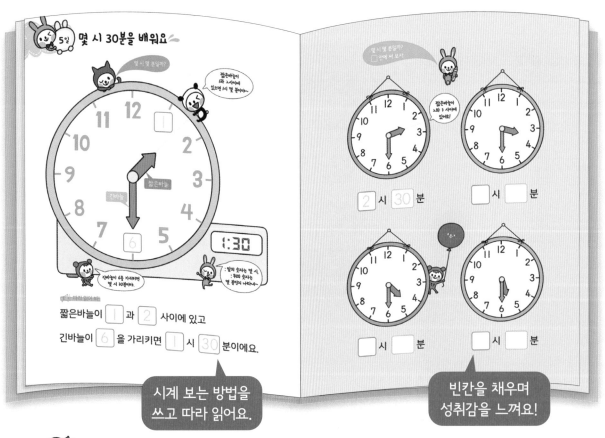

시계 보는 방법을 쓰고 따라 읽어요.

빈칸을 채우며 성취감을 느껴요!

 '시계와 달력' 같은 비형식적 수학을 많이 경험할수록 입학 후 수학을 더 잘 배웁니다.

－초등 수학 교과서 집필 책임자, 대구 교대 김진호 교수

초등 입학 전후, 즐거운 공부 기억!
7살 첫 시리즈 (국어, 영어, 수학, 한자)

1학년 국어 교과서 낱말로 한글 쓰기 완성!
7살 첫 국어 시리즈 (전 2권)

각 권 9,000원 | 전 2권 세트 16,000원

• 아이가 적극적으로 변하는 '4단계 활동 학습'으로
  한글 쓰기 완성!

• 꿀팁! 분당 영재사랑 교육연구소 지도 비법 대공개!

고깔모자송과 비비쌤의 비법 챈트로 첫 영어 완성!
7살 첫 영어 시리즈 (전 2권)

알파벳 ABC 11,000원 | 파닉스 13,000원(비비쌤 강의 제공)

• 고깔모자송으로 배우는 알파벳 학습법

• 파닉스 1등 채널 '비비파닉스'의 비법 챈트로
  배워요!

수 세기와 덧셈 뺄셈, 생활 속 수 감각 키우기!
7살 첫 수학 시리즈 (전 6권)

각 권 8,000원~9,800원

• 100까지의 수를 읽고 순서대로 정확히 쓰기

• 100까지 수의 덧셈 뺄셈하기

• '시계와 달력', '동전과 지폐 세기', '길이와 무게 재기'로
  키우는 '생활 속 수 감각'

초등 공부가 쉬워지는 기초 한자 완성!
7살 첫 한자 시리즈 (전 2권)

각 권 9,000원 | 전 2권 세트 17,000원

• 내가 아는 낱말 속 한자를 발견하는 재미

• 숫자·위치·크기·요일·가족·몸을 나타내는 한자를
  배워요!

바쁜 친구들이 즐거워지는 빠른 학습서

바빠 시리즈

덜 공부해도
더 빨라져요!

교과서와 100% 밀착 연계!
교실에서 사용하고 싶은 책이네요!
김혜린 선생님(경기 하길초등학교)

학습 결손이 생겼을 때 취약한
연산만 보충해 줄 수 있어요!
김정희 선생님(바빠 공부단 케이 수학쌤)

📖 국어 독해력 향상 **바빠 독해**

읽는 재미를 높인 **초등 문해력 향상** 프로그램!

- **초등학생이 직접 고른** 재미있는 이야기들
  – 재미있고 궁금해서 자꾸 읽고 싶어요!
- **초등 교과서와 100% 밀착 연계!**
  – 국어, 사회, 과학 공부에도 도움이 돼요!
- 16년간 어린이들을 밀착 지도한
  호사라 박사의 독해력 처방전!
- **분당 영재사랑 교육연구소 지도 비법** 대공개!
- **비문학 지문**도 재미있게 읽어요!

* 초등학교 방과 후 교재로 인기 있어요!

📖 수학 결손 보강 **바빠 연산법**

덧셈이든 뺄셈이든 골라 보는 **영역별** 연산책

- 바쁜 초등학생을 위한 빠른 **구구단**
  – **시계와 시간**, 길이와 시간 계산, **약수와 배수**
  – **평면도형 계산**, 입체도형 계산 등
- 바쁜 1·2학년을 위한 빠른 **덧셈**, **뺄셈**
- 바쁜 3·4학년을 위한 빠른
  – 덧셈, 뺄셈, **곱셈**, **나눗셈**, 분수, 소수, 방정식
- 바쁜 5·6학년을 위한 빠른
  – 곱셈, **나눗셈**, **분수**, 소수, 방정식 등

* ⭕책은 베스트셀러예요!